微机原理实验指导教程

(含实验报告)

李雪霞 魏 瑾 编

西北工业大学出版社

【内容简介】 本书是针对在校本科及大中专学生学习"微型计算机原理及接口技术"这门课程课内外实验环节涉及的应用软件及实践内容、方法而编写的,主要内容包括:目前比较流行的汇编语言开发仿真软件——未来汇编——的使用方法、8086(88)微型计算机汇编语言寻址方式、指令系统、常用几大结构的汇编语言程序及接口技术、中断的应用等,涵盖了微机原理及接口技术的主要知识点。本书旨在通过实践环节,帮助学生加深对本课程所涉及知识的理解,为将来更好地应用计算机技术奠定基础。

本教程适用于高等学校自动化、计算机科学、测控技术与仪表等专业的本科及大中专学生。

图书在版编目(CIP)数据

微机原理实验指导教程/李雪霞,魏瑾编. —西安:西北工业大学出版社,2012.10(2018.11 重印)
高等学校规划教材·航空、航天与航海科学技术
ISBN 978-7-5612-3487-7

Ⅰ.①微… Ⅱ.①李… ②魏… Ⅲ.①微型计算机—实验—高等学校—教材 Ⅳ.①TP36-33

中国版本图书馆 CIP 数据核字(2012)第 233469 号

出版发行:西北工业大学出版社
通信地址:西安市友谊西路 127 号　邮编:710072
电　话:(029)88493844　88491757
网　址:www.nwpup.com
印刷者:陕西奇彩印务有限责任公司
开　本:787 mm×1 092 mm　1/16
印　张:6.75
字　数:111 千字
版　次:2012 年 10 月第 1 版　2018 年 11 月第 2 次印刷
定　价:16.00 元

前　言

本书是根据"微型计算机原理与接口技术"教学大纲的要求，配合"微型计算机原理与接口技术"课程教学，指导学生理解、领会教学内容，增强分析问题、解决问题的实际动手能力而编写的实验教学指导书。

全书共分为两部分。第一部分对实验用到的目前比较流行的汇编语言开发仿真软件——未来汇编——的使用方法进行了较详细的阐述；第二部分为实验部分，共设13个实验，包括8086微型计算机的寻址方式、传送及运算类指令、逻辑运算和移位指令、顺序程序、分支程序、循环程序、8255 I/O 扩展及应用实验、A/D 及 D/A 转换实验、中断与定时器实验等，涵盖了课堂教学的主要内容，旨在帮助读者通过实验过程，加深对所学知识的学习、理解，尽快地掌握"微型计算机原理及接口技术"课程的基础内容，为日后相关专业课程的学习奠定一定的理论及实践基础，培养工程意识，提高应用知识的能力。

为方便读者使用，本书配有实验报告一册。

本书由李雪霞和魏瑾编写。其中，魏瑾编写了第一部分，李雪霞编写了第二部分和实验报告。同时在编写过程中伍明高、祁桂兰、郭向东等提出了宝贵的建议，在此表示深深的感谢。

由于水平和经验所限，书中不足和疏漏之处在所难免，恳请广大读者批评指正！

编　者
2012 年 6 月

目　　录

第一部分　未来汇编软件简介 …………………………………………………………… 1

第二部分　**8086(88)实验** …………………………………………………………… 21

  实验一　8086(88)的寻址方式 …………………………………………………… 21

  实验二　传送及运算类指令 ………………………………………………………… 22

  实验三　逻辑运算和移位指令 ……………………………………………………… 24

  实验四　简单顺序程序 ……………………………………………………………… 25

  实验五　简单分支程序 ……………………………………………………………… 25

  实验六　简单循环程序 ……………………………………………………………… 26

  实验七　8255 并口控制器应用实验 ……………………………………………… 26

  实验八　A/D 转换实验 ……………………………………………………………… 29

  实验九　D/A 转换实验 ……………………………………………………………… 31

  实验十　步进电机控制实验 ………………………………………………………… 33

  实验十一　8254 定时/计数器应用实验 …………………………………………… 35

  实验十二　中断服务程序设计实验 ………………………………………………… 40

  实验十三　中断控制器 8259 应用编程实验 ……………………………………… 44

第一部分　未来汇编软件简介

未来汇编软件是一个集编辑、编译、调试为一体的 16 位 TASM 集成环境。TASM 是 Borland 公司推出的汇编编译器，能独立地编译汇编或是 Win32Asm 的代码。它具有编译快速、高效的特点，至今依然是汇编开发的首选利器。使用未来汇编可以进行汇编语言源程序的编写、编译以及运行，并支持 DOS 环境下对程序进行调试。未来汇编软件适用于 Windows 2000/XP/2003/Vista/2008/7。

一、主界面

未来汇编软件主界面如图 1.1 所示。

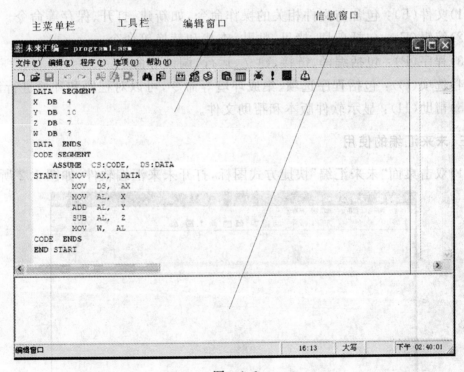

图 1.1

1. 主菜单栏

主菜单栏包括文件、编辑、程序、选项和帮助 5 个菜单，利用它们可以新建、编辑、调试和设置汇编程序。

2. 工具栏

工具栏包括建立、链接、编译等快捷键，利用这些快捷键可快速执行程序。

3. 编辑窗口

未来汇编软件提供了一个源文件编辑器。在编辑窗口中，可以编辑汇编源程序，并且支持不同数据类型显示不同颜色，方便检查和编译。此外，编辑窗口还支持剪切、复制、粘贴、查找等功能。

4. 信息窗口

用汇编语言写成的源程序需要进行编译、链接、建立，在这个过程中，信息窗口会给出提示，包括错误提示、链接成功提示等。

二、菜单介绍

未来汇编软件包括 5 个菜单项，包含了绝大多数操作命令。菜单项简单直接，操作方便。此外，未来汇编软件中还提供快捷键，可快速调用常用的菜单命令。5 个主菜单分别如下：

(1) 文件(F)：包含与文件相关的操作命令，如新建、打开、保存等命令。

(2) 编辑(E)：包括剪切、拷贝、粘贴、查找和替换等命令。

(3) 程序(P)：包括编译、链接、建立、运行、调试等命令。

(4) 选项(O)：包括程序选项、集成环境等命令，可以对程序和环境进行设置。

(5) 帮助(H)：显示软件版本和帮助文件。

三、未来汇编的使用

(1) 双击桌面"未来汇编"快捷方式图标，打开未来汇编软件，如图 1.2 所示。

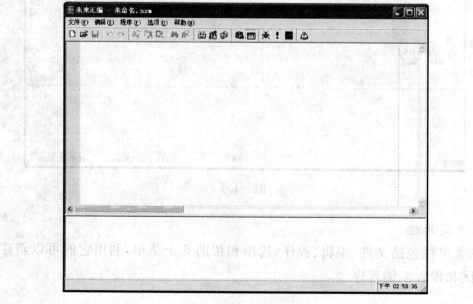

图 1.2

(2)点击"文件",选择"新建",即可创建一个新的汇编源程序,如图 1.3 所示。

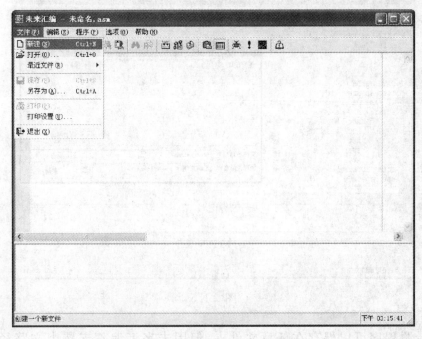

图 1.3

(3)将源程序建立好之后,点击"保存",在弹出的"另存为"对话框中选择保存位置,如图 1.4 和图 1.5 所示。

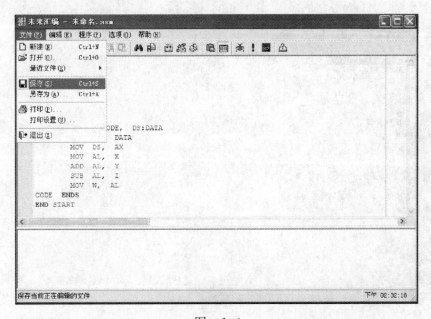

图 1.4

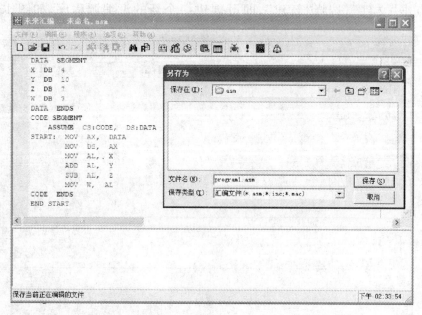

图 1.5

注意:源程序可以保存在任意文件夹,但因未来汇编不支持中文路径,文件夹和文件的名称均不能含有中文,文件的类型必须是.asm。

(4)通过"文件"下面的"打开"命令,打开之前建立的源文件,如图1.6和图1.7所示。

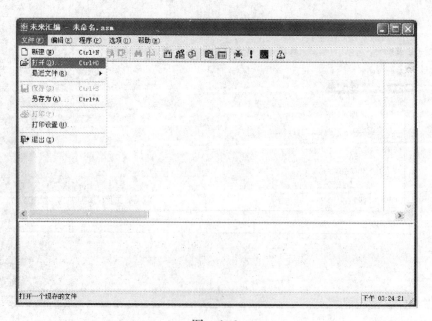

图 1.6

图 1.7

(5)通过"编辑"对源文件进行剪切、拷贝、粘贴、删除等操作,如图1.8所示。

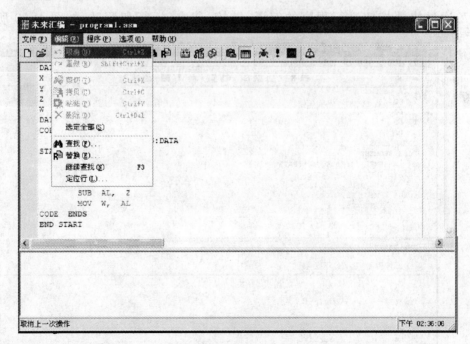

图 1.8

(6)通过"程序"进行编译、链接、建立、运行、调试以及参数的设置,如图1.9所示。

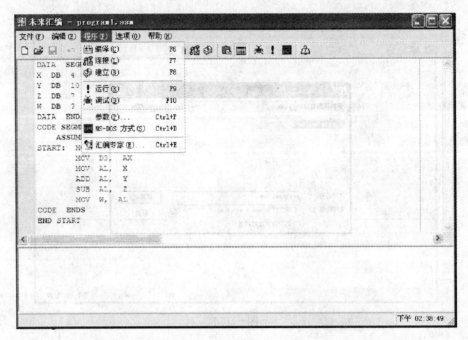

图 1.9

(7) 通过快捷按钮进行程序的编译、链接、建立、运行和调试，如图 1.10 所示。

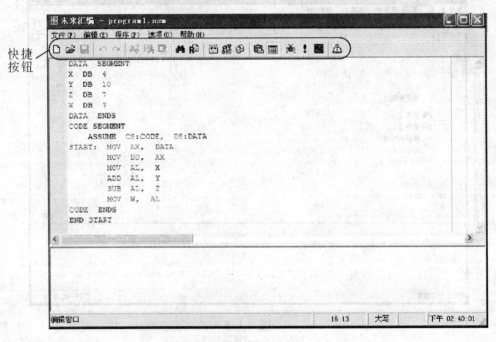

图 1.10

(8) 可以通过"选项"进行窗口的设置，如图 1.11 所示。

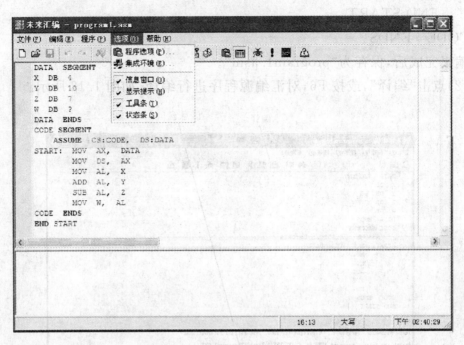

图 1.11

四、汇编程序实例

编程实现：W＝X＋Y－Z，其中 W，X，Y，Z 均为字节型变量。

(1)在未来汇编窗口中，输入以下程序：

```
DATA   SEGMENT
X   DB   4
Y   DB   10
Z   DB   7
W   DB   ?
DATA   ENDS
CODE SEGMENT
    ASSUME   CS:CODE, DS:DATA
    START： MOV   AX,   DATA
            MOV   DS,   AX
            MOV   AL,   X
            ADD   AL,   Y
            SUB   AL,   Z
            MOV   W,    AL
```

END START
CODE　ENDS

编辑完成后,保存为"program1.asm"。

(2)点击"编译",或按 F6,对汇编源程序进行编译,如图 1.12 所示。

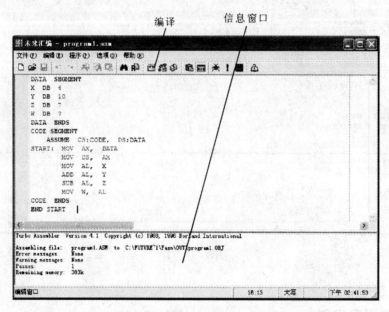

图　1.12

根据信息窗口的提示,若出现错误,修改后重新编译。

(3)若编译无错误,点击"链接"或按 F7 进行链接,如图 1.13 所示。

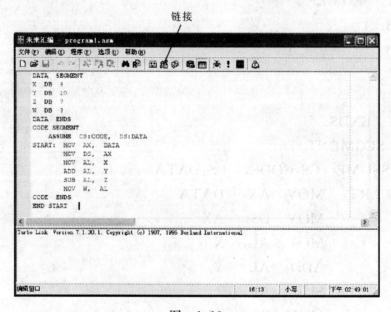

图　1.13

(4)点击"建立"或按 F8 建立可执行程序,如图 1.14 所示。

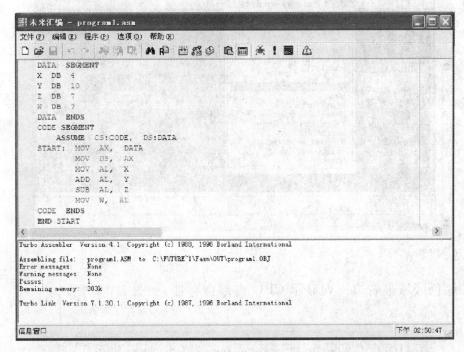

图 1.14

(5)点击"调试",进入命令行窗口,如图 1.15 所示。

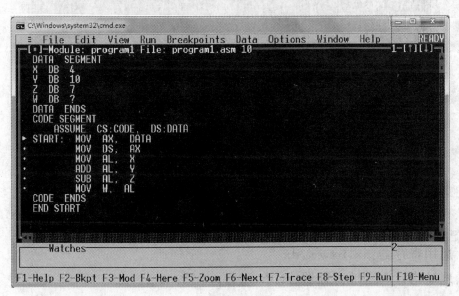

图 1.15

(6)点击"View",选中"CPU",可以看到 CPU 内部各个寄存器,以及存储器的详情,如图 1.16 所示。

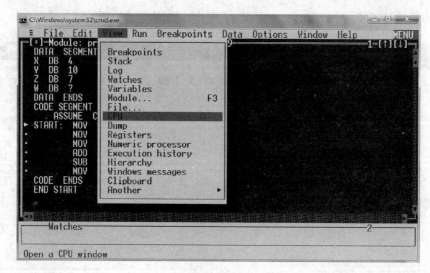

图 1.16

1) 绿色区域最右边一列显示 CPU 内部寄存器,如图 1.17 所示。

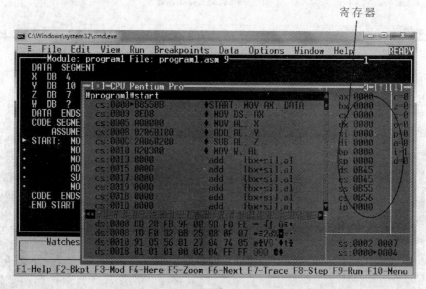

图 1.17

从图 1.17 中可以看到,CPU 内部寄存器包括:
- 通用寄存器:ax,bx,cx,dx。
- 地址指针与变址寄存器:si,di,bp,sp。
- 段寄存器:ds,es,ss,cs。
- 指令指针寄存器:ip。
- 标识寄存器:flags,分别包含 c,z,s,o,p,a,i,d。

2) 绿色区域中,除去右列 CPU 寄存器部分以外,其他部分显示存储器内容,如

图 1.18 所示。

图 1.18

存储器包括代码段、数据段和堆栈段,每个存储单元的内容可以通过段寄存器和偏移地址得到。

例如,ds:0000 的内容是 CD(注意,存储器中的数据都是十六进制的),ds:0001 的内容是 20。

3)在绿色区域右击鼠标,可得到如图 1.19 所示的选择框,选中"Goto..."。

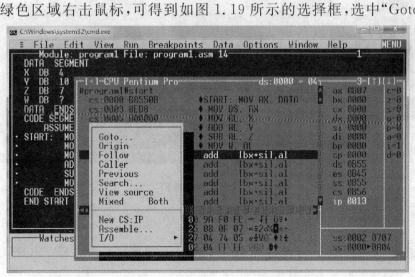

图 1.19

输入要查找的内存单元的地址,例如,ds:0020,如图 1.20 所示。

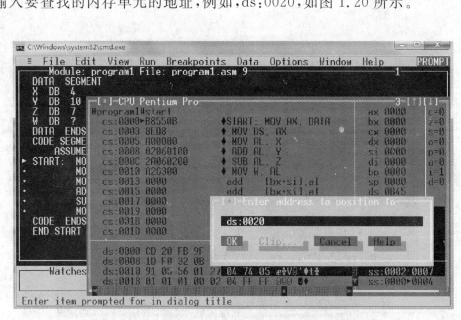

图 1.20

找到地址为 ds:0020 的内存单元的数据为 FF,如图 1.21 所示。

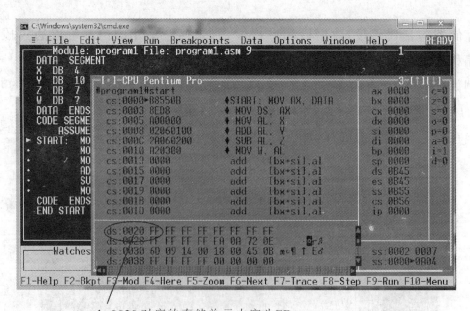

ds:0020 对应的存储单元内容为FF

图 1.21

4)如果要对内存单元内容进行修改,选中该单元,点击右键,出现菜单,如图 1.22 所示。

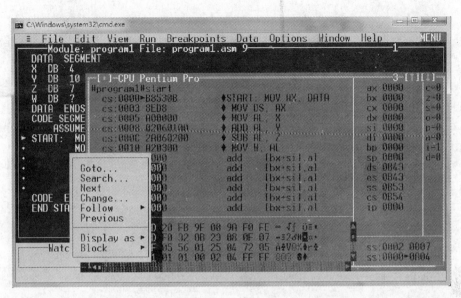

图 1.22

选择"Change..."选项,输入新的内容,如图 1.23 所示。

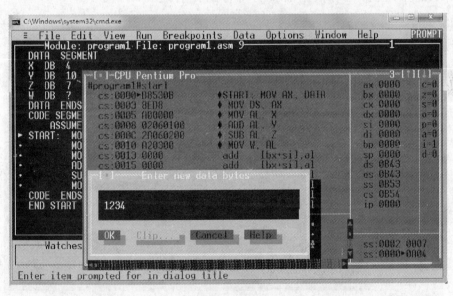

图 1.23

点击"OK"后,当前被修改单元的内容就变成新的输入结果,如图 1.24 所示。

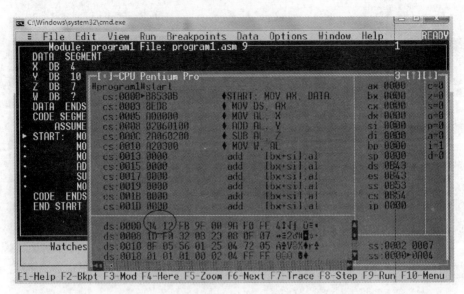

图 1.24

5)可用同样的方法修改寄存器区的内容,选中要修改的寄存器后,弹出如图 1.25 所示的菜单窗口,可根据需要对寄存器内容进行编辑。

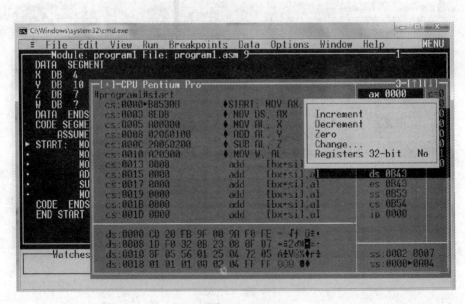

图 1.25

6)对标志寄存器各标志位的值可选中进行修改,并可根据弹出菜单对其进行求反操作,如图 1.26 所示。

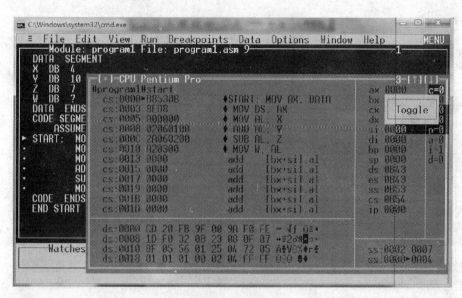

图 1.26

7)可利用弹出菜单对 IP 指针内容进行修改,以改变仿真调试的顺序,如图 1.27 所示。

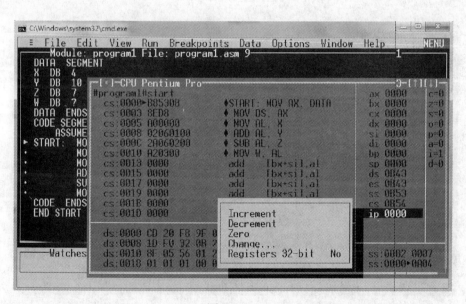

图 1.27

8)程序调试过程如下:按 F8,逐行执行,蓝色光标所在行,表示将要执行的下一条代码,如图 1.28 所示。

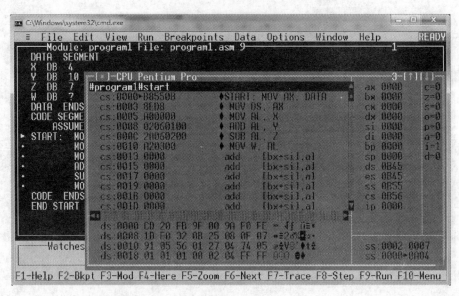

图 1.28

按 F8,执行 START:MOV AX,DATA,执行的结果,ax=0B55,ip=0003,如图 1.29 所示。

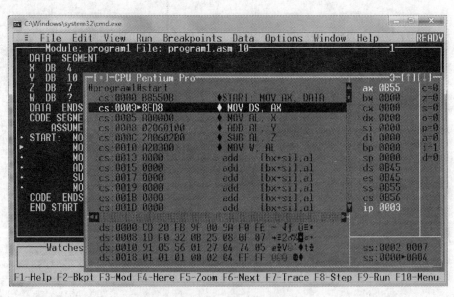

图 1.29

按 F8,执行 MOV DS,AX,将 AX 的值传送给 DS,ds=0B55,ip=0005,如图 1.30 所示。

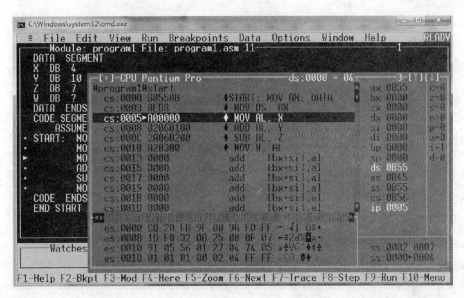

图 1.30

按 F8,执行 MOV AL, X,将 X 的值传送给 AL,ax=0B04,ip=0008,如图 1.31 所示。

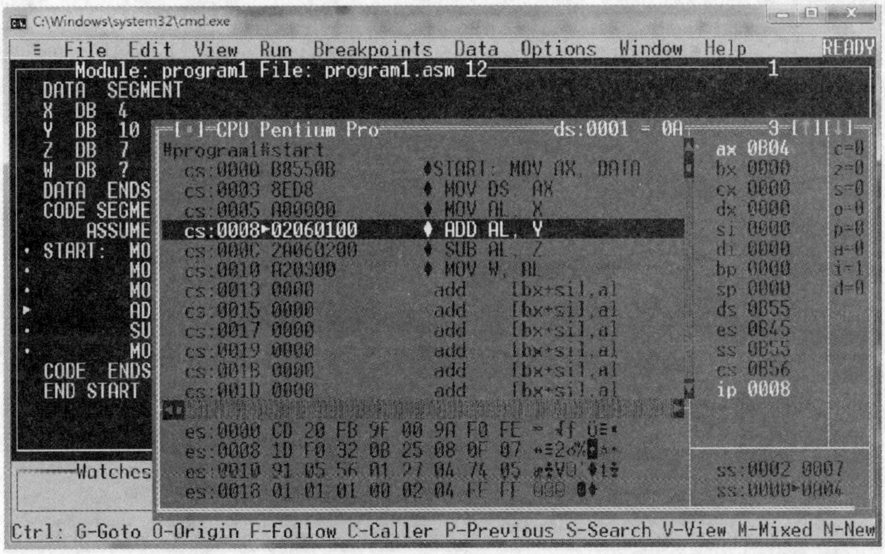

图 1.31

按 F8,执行 ADD AL,Y,将 Y 的值与 AL 的值相加,结果传送到 AL 中,ax= 0B0E(X=4,Y=10,X+Y=14,用十六进制表示就是 E),ip=000C,如图 1.32 所示。

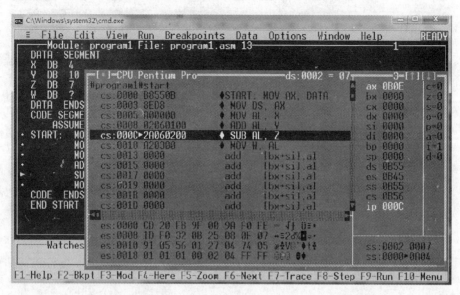

图 1.32

按 F8,执行 SUB AL,Z,将 AL 的值与 Z 的值相减,结果传送到 AL 中,ax=0B07(AL=14,Z=7,AL-Z=7),ip=0010,如图 1.33 所示。

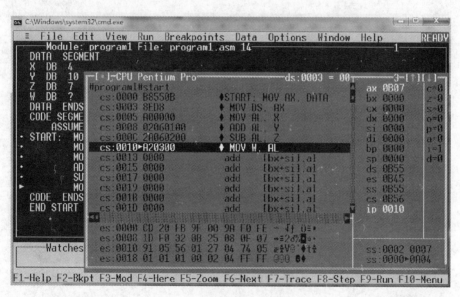

图 1.33

按 F8,执行 MOV W,AL,将 AL 的值传送给 W,ip=0013,如图 1.34 所示。

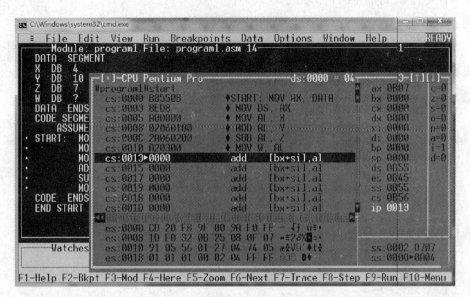

图 1.34

9）点击"File"，选中"Quit"或按"ALT＋X"退出，程序运行结束，如图 1.35 所示。

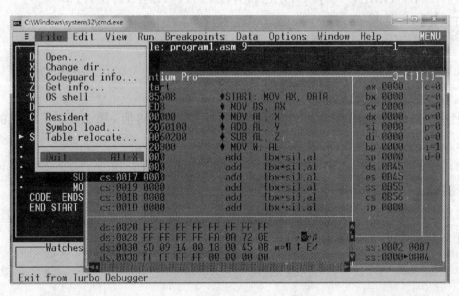

图 1.35

五、未来汇编使用注意事项

（1）不支持中文路径及长文件名，因此文件名及所存储路径中不应包含中文，字符不超过 6 个。

(2)不支持段寄存器名称缩写形式。

例：MOV AX,DS:2000H 中的"DS:"不能省略。

(3)汇编语言程序在编辑时应将前面的标号与标号对齐,指令与指令对齐,注释与注释对齐。

六、8086 汇编语言程序结构

数据段的定义(为程序中所涉及的内存单元或变量赋初值)：
DATA　　SEGMENT
　　　　⋮
DATA　　ENDS

堆栈段的定义(开辟数据保护区域)：
STACK　　SEGMENT
　　　　⋮
STACK　　ENDS

代码段的定义：
CODE　　SEGMENT
　　　　ASSUME　CS:CODE(,DS:DATA)(,SS:STACK)
START：
　　　　⋮
CODE　　ENDS
　　　　END　START

说明：(1)如果程序中无需为变量或内存单元赋初值,那么 DATA 段的定义可省略。

(2)如果程序中未涉及子程序调用、中断及堆栈相关指令,那么 STACK 段的定义可省略。

(3)如果程序中无数据段或堆栈段的定义,那么 CODE 段中 ASSUME 指令后的两个括号中的内容不用出现。

第二部分 8086(88)实验

实验一 8086(88)的寻址方式

一、实验目的

通过对各寻址方式相关指令的实验结果的观察和记录,加深对各寻址方式定义的操作数所在位置,特别是与存储器相关寻址方式中操作数所在路径的理解。

二、实验内容

(一)与存储器无关的寻址方式(2种)

1. 立即寻址
MOV　AL,05H
MOV　DX,8000H
2. 寄存器寻址
MOV　DS,AX
MOV　AL,BL

(二)与存储器相关的寻址方式(5种)

1. 直接寻址
MOV　BX,DS:[2000H]
2. 寄存器间接寻址
(1)操作数存放于存储器数据段。
MOV　AX,4000H
MOV　DS,AX
MOV　SI,2000H
MOV　AX,DS:[SI]
(2)操作数存放于存储器堆栈段。
MOV　AX,2000H
MOV　SS,AX

    MOV   BP，500H
    MOV   AX，SS:[BP]
3. 寄存器相对寻址
    MOV   AX，2000H
    MOV   SS，AX
    MOV   BP，1000H
    MOV   AX，SS:[BP-2]
4. 基址、变址寻址
    MOV   AX，2000H
    MOV   DS，AX
    MOV   BX，1000H
    MOV   SI，500H
    MOV   AX，DS:[BX][SI]
5. 基址、变址相对寻址
    MOV   AX，2000H
    MOV   DS，AX
    MOV   BX，1000H
    MOV   SI，500H
    MOV   AX，DS:100H[BX][SI]

(三) 特殊寻址方式——隐含寻址

    MOV   AL，05H
    MOV   BL，02H
    MUL   BL

三、实验结果记录

(1) 记录每条指令的运行结果。
(2) 对内存单元进行操作，详细记录所用到的内存单元具体内容及相关寄存器的内容。

实验二 传送及运算类指令

一、实验目的

通过对具体传送类及算术与运算类指令的实验结果的观察和记录，加深对各指令完成操作功能的理解，并了解各指令对于相关标志位的影响。

二、实验内容

在以下指令组之后,完成实验。

MOV　　AX,1234H
MOV　　DX,5678H

(1) 写出单独执行下列指令的结果:
1) MOV　　DX,AX
2) MOV　　AH,DL
3) MOV　　DH,0AAH
4) XCHG　　AX,DX
5) XCHG　　AL,DL
6) INC　　DH
7) DEC　　DX
8) INC　　AX
9) ADD　　AL,DL
10) SUB　　DX,AX
11) CMP　　AX,DX
12) MUL　　DX
13) DIV　　DH

(2) 假定(SP)=2000H,写出下列每条指令执行后,(SP)的值:

PUSH　　AX
PUSH　　DX
POP　　DX
POP　　AX

(3) 假定(SP)=1000H,写出下列每条指令执行后,(SP)的值:

PUSH　　AX
PUSH　　DX
POP　　AX
POP　　DX

三、实验结果记录

(1) 记录每条指令的运行结果。

(2) 如指令对PSW寄存器各位有影响,记录各指令执行后,PSW寄存器各状态标志位的值。

实验三　逻辑运算和移位指令

一、实验目的

通过对具体逻辑运算类及移位指令的实验结果的观察和记录,加深对各指令完成操作功能的理解,并了解各指令对于相关标志位的影响。

二、实验内容

在以下指令组之后,完成实验。
MOV　AX,00FEH
MOV　BX,55AAH

(1)写出单独执行下列指令的结果:
1) AND　AH,　0FFH
2) OR　BX,　0088H
3) AND　AL,　BL
4) XOR　BX,　BX
5) NOT　BL
6) TEST　BX,　0080H
7) SAL　AL,　1
8) SHR　BH,　1

(2)用相关指令完成下列功能,并实验验证:
1)将 AX 的高 8 位置 1,其余位不变。
2)将 BX 的低 8 位清 0,其余位不变。
3)测试 BL 的第 0 位是否为 1。
4)将 AH 中的内容求反。
5)将 BL 中的内容清 0。
6)将 AX 中的无符号数乘以 2。
7)将 BL 中的无符号数除以 2。

三、实验结果记录

(1)记录每条指令的运行结果。
(2)如指令对 PSW 寄存器各位有影响,记录各指令执行后,PSW 寄存器各状态标志位的值。
(3)对于(2)指出的功能,编写相应的指令或指令组,并仿真运行,验证实验结果。

实验四　简单顺序程序

一、实验目的

应用所学指令知识，通过编写一些简单的顺序程序，进行内存操作及数据运算等，并综合应用所学指令，加深对指令功能的理解。

二、实验内容

编程实现：

(1)两个 4 字节(32 位)的无符号数相加,这两个数分别放在 2000H 和 2010H 开始的存储单元中,低位在前,高位在后,要求进行运算后,得到的和存放在 2000H 开始的内存单元中。

(2)用至少两种方法(移位指令、乘法指令)编程实现 0F0H×10。

三、实验结果记录

(1) 记录每条指令的运行结果。

(2) 如指令对 PSW 寄存器各位有影响,记录各指令执行后,PSW 寄存器各状态标志位的值。

实验五　简单分支程序

一、实验目的

应用所学指令知识，通过编写一些简单的分支程序，学习分支程序结构形成，并综合应用所学指令，加深对指令功能的理解。

二、实验内容

(1)设输入数据为 X,输出数据 Y,且皆为字节变量,编程实现表达式：

$$Y=\begin{cases} 3X & X>0 \\ 10 & X=0 \\ X+30 & X<0 \end{cases}$$

(2)内存区以 TABLE 为首址的 30 个单元存放某班学生英语成绩,统计大于或等于 85 分,84～75 分,74～60 分以及不及格人数,并顺序存放在 RESULT 开始的单元中。

三、实验结果记录

(1)分别画出流程图。

(2)记录每条指令的运行结果。

(3)如指令对 PSW 寄存器各位有影响,记录各指令执行后,PSW 寄存器各状态标志位的值。

实验六 简单循环程序

一、实验目的

学习用循环结构的程序来解决实际中需要进行相类似或重复操作的场合下的控制程序编写方法。

二、实验内容

编程实现:

(1)内存搬迁:将以 VAR1 为首地址的 10 个字型数据搬移到以 VAR2 为首地址的内存单元去(带数据段定义)。

(2)编程求内存中自 NEST 开始的 10 个字之和。

三、实验结果记录

(1)分别画出流程图。

(2)记录每条指令的运行结果。

(3)如指令对 PSW 寄存器各位有影响,记录各指令执行后,PSW 寄存器各状态标志位的值。

实验七 8255 并口控制器应用实验

一、实验目的

(1)掌握 8255 的工作方式及应用编程。

(2)掌握 8255 的典型应用电路接法。

二、实验内容

(1)基本输入输出实验。编写程序,使 8255 的 A 口为输出,B 口为输入,完成拨动开关到数据灯的数据传输。要求只要开关拨动,数据灯的显示就改变。

(2)流水灯显示实验。编写程序,使 8255 的 A 口和 B 口均为输出,实现 16 位数据灯的相对循环显示。

三、实验说明及步骤

1. 基本输入输出实验

本实验使 8255 端口 A 工作在方式 0 并作为输出口，端口 B 工作在方式 0 并作为输入口。用一组开关信号接入端口 B，端口 A 输出线接至一组数据灯上，然后通过对 8255 芯片编程来实现输入输出功能。参考程序流程如图 2.1 所示。

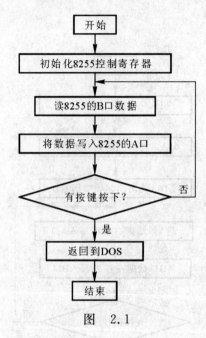

图 2.1

实验步骤如下：

(1) 确认从 PC 引出的两根扁平电缆已经连接到实验平台上。

(2) 参考如图 2.2 所示连接实验线路。

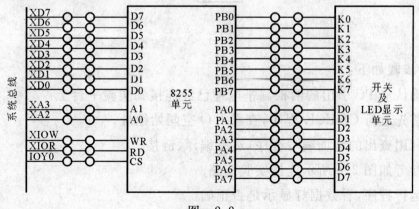

图 2.2

(3)首先运行 CHECK 程序,查看 I/O 空间始地址。

(4)利用查出的地址编写程序,然后编译、链接。

(5)运行程序,拨动开关,看数据灯显示是否正确。

2. 流水灯显示实验

首先分别向 A 口和 B 口写入 80H 和 01H,然后分别将该数右移和左移一位,再送到端口上,这样循环下去,从而实现流水灯的显示。参考实验程序流程如图 2.3 所示。

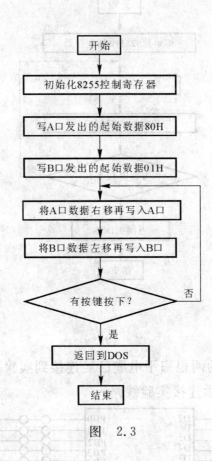

图 2.3

实验步骤如下:

(1)确认从 PC 引出的两根扁平电缆已经连接到实验平台上。

(2)首先运行 CHECK 程序,查看 I/O 空间始地址。

(3)利用查出的地址编写程序,然后编译、链接。

(4)参考如图 2.4 所示连接实验线路。

(5)运行程序,看数据灯显示是否正确。

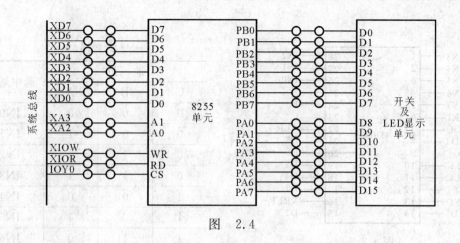

图 2.4

实验八 A/D转换实验

一、实验目的

(1)掌握模/数信号转换基本原理。
(2)掌握 ADC0809 芯片的使用方法。

二、实验内容

编写实验程序,用 ADC0809 完成模拟信号到数字信号的转换。输入的模拟信号是由 A/D 转换单元可调电位器提供的 0～5V 的电压信号,输出数字量显示在显示器屏幕上。显示形式为:AD0809:IN0 XX。

三、实验原理

ADC0809 包括一个 8 位的逐次逼近型的 ADC 部分,并提供一个 8 通道的模拟多路开关和联合寻址逻辑。用它可直接输入 8 个单端的模拟信号,分时进行 A/D 转换,在多点巡回检测、过程控制等应用领域中使用非常广泛。ADC0809 的主要技术指标如下:

- 分辨率:8 位。
- 单电源:+5V。
- 总的不可调误差:±1LSB。
- 转换时间:取决于时钟频率。
- 模拟输入范围:单极性 0～5V。
- 时钟频率范围:10～1 280 kHz。

ADC0809 的外部管脚如图 2.5 所示,地址信号与选中通道的关系如表 2.1

所示。

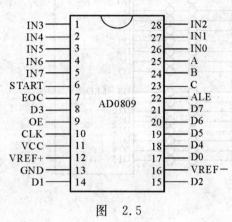

图 2.5

表 2.1

地址			选中通道
C	B	A	
0	0	0	IN0
0	0	1	IN1
0	1	0	IN2
0	1	1	IN3
1	0	0	IN4
1	0	1	IN5
1	1	0	IN6
1	1	1	IN7

四、实验步骤

（1）确认从 PC 引出的两根扁平电缆已经连接到实验平台上。

（2）首先运行 CHECK 程序，查看 I/O 空间始地址。

（3）利用查出的地址，参考图 2.6 编写程序，然后编译、链接。

（4）参考如图 2.7 所示连接实验线路。

（5）运行程序，调节电位器，观察屏幕上显示的数字量输出。

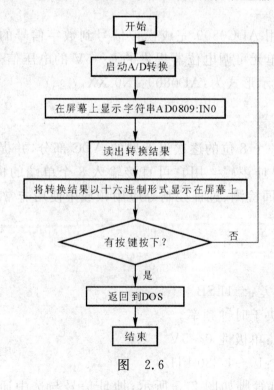

图 2.6

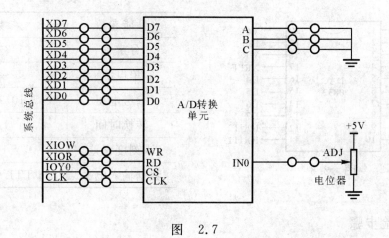

图 2.7

实验九 D/A转换实验

一、实验目的

(1)掌握 D/A 转换原理及接口设计方法。
(2)掌握 DAC0832 芯片的使用方法。

二、实验内容

设计实验线路并编写程序,实现数字信号到模拟信号的转换,输入数字量由程序给出。要求产生方波和三角波,并用示波器观察输出模拟信号的波形。

三、实验原理

D/A 转换器是一种将数字量转换成模拟量的器件,其特点是:接收、保持和转换的数字信息,不存在随温度、时间漂移的问题,其电路抗干扰性较好。大多数的 D/A 转换器接口设计主要围绕 D/A 集成芯片的使用及配置相应的外围电路。DAC0832 是 8 位芯片,采用 CMOS 工艺和 R-2RT 型电阻解码网络,转换结果为一对差动电流 IOUT1 和 IOUT2 输出。DAC0832 引脚如图 2.8 所示。主要性能参数如表 2.2 所示。

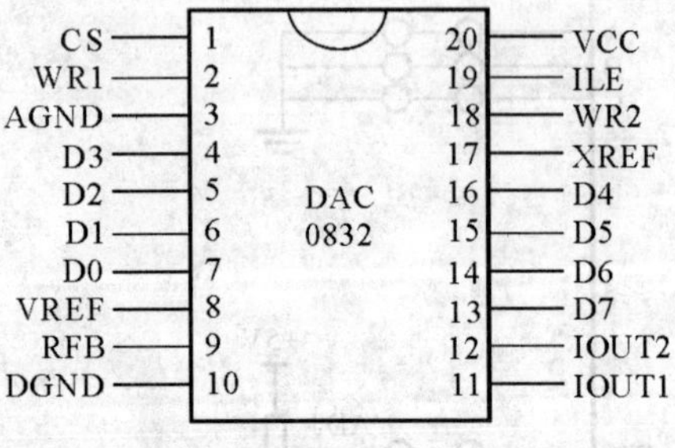

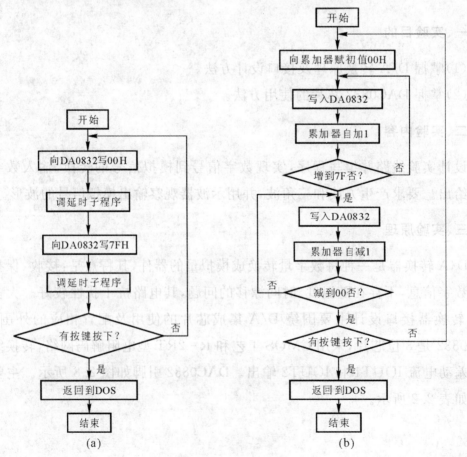

表 2.2

性能参数	参数值
分辨率	8位
单电源	+5~+15V
参考电压	+10~-10V
转换时间	1μs
满刻度误差	±1LSB
数据输入电平	与TTL电平兼容

图 2.8

四、实验步骤

(1)确认从PC引出的两根扁平电缆已经连接到实验平台上。

(2)首先运行CHECK程序,查看I/O空间始地址。

(3)利用查出的地址,参考图2.9编写程序,然后编译、链接。

图 2.9

(a)产生方波; (b)产生三角波

(4)参考如图 2.10 所示连接实验线路。

(5)运行程序,用示波器观察输出模拟信号波形是否正确。

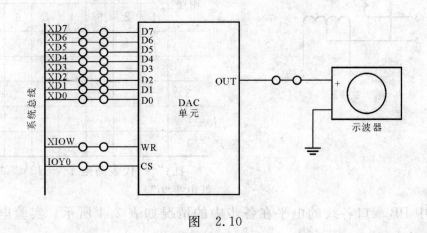

图 2.10

实验十 步进电机控制实验

一、实验目的

(1)学习步进电机的控制方法。
(2)学会用 8255 控制步进电机。

二、实验内容

学习步进电机的控制方法,编写程序,利用 8255 的 B 口来控制步进电机的运转。

三、实验说明及步骤

使用开环控制方式能对步进电机的转动方向、速度、角度进行调节。所谓步进,就是指每给步进电机一个递进脉冲,步进电机各绕组的通电顺序就改变一次,即电机转动一次。根据步进电机控制绕组的多少可以将电机分为三相、四相和五相。实验平台可连接的步进电机为四相八拍电机,电压为 DC12V,其励磁线圈及其励磁顺序分别如图 2.11 及表 2.3 所示。

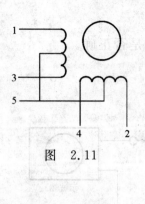

图 2.11

表 2.3

相序	步 序							
	1	2	3	4	5	6	7	8
5	＋	＋	＋	＋	＋	＋	＋	＋
4	－	－						－
3	－	－	－					
2			－	－	－			
1					－	－	－	

注:"＋"代表高电平"＋12V","－"代表低电平"0"。

实验中 PB 端口各线的电平在各步中的情况如表 2.4 所示。实验电路如图 2.12 所示。

表 2.4

步 序	PB3	PB2	PB1	PB0	对应 B 口输出
1	0	0	0	1	01H
2	0	0	1	1	03H
3	0	0	1	0	02H
4	0	1	1	0	06H
5	0	1	0	0	04H
6	1	1	0	0	0CH
7	1	0	0	0	08H
8	1	0	0	1	09H

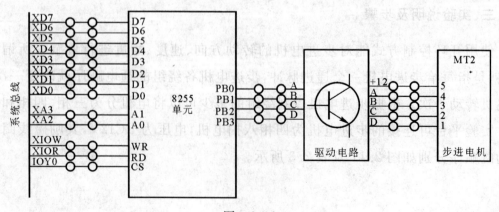

图 2.12

实验步骤如下：
(1)确认从 PC 引出的两根扁平电缆已经连接到实验平台上。
(2)首先运行 CHECK 程序，查看 I/O 空间始地址。
(3)利用查出的地址编写程序，然后编译、链接。
(4)参考如图 2.12 所示连接实验线路。
(5)运行程序，观察步进电机的转动情况。
注意：步进电机不使用时请断开连接器，以免误操作使电机过分发热。

实验十一 8254 定时/计数器应用实验

一、实验目的

(1)掌握 8254 的工作方式及应用编程。
(2)掌握 8254 的典型应用电路接法。

二、实验内容

(1)计数应用实验。编写程序，应用 8254 的计数功能，用开关模拟计数，使每当按动 KK1－5 次后，产生一次计数中断，并在屏幕上显示一个字符"5"。
(2)定时应用实验。编写程序，应用 8254 的定时功能，实现一个秒表计时并在屏幕上显示。

三、实验原理

8254 是 Intel 公司生产的可编程间隔定时器，是 8253 的改进型，比 8253 具有更优良的性能。8254 具有以下基本功能：
(1) 有 3 个独立的 16 位计数器。
(2) 每个计数器可按二进制或十进制(BCD)计数。
(3) 每个计数器可编程工作于 6 种不同工作方式。
(4) 8254 每个计数器允许的最高计数频率为 10MHz(8253 为 2MHz)。
(5) 8254 有读回命令(8253 没有)，除了可以读出当前计数单元的内容外，还可以读出状态寄存器的内容。
(6) 计数脉冲可以是有规律的时钟信号，也可以是随机信号。计数初值公式为 $n=f_{CLKi}/f_{OUTi}$，其中 f_{CLKi} 是输入时钟脉冲的频率，f_{OUTi} 是输出波形的频率。

8254 的内部结构框图和引脚图如图 2.13 所示，它由与 CPU 的接口、内部控制电路和三个计数器组成。8254 的工作方式如下：
(1)方式 0：计数到 0 结束输出正跃变信号方式。
(2)方式 1：硬件可重触发单稳方式。

(3)方式 2:频率发生器方式。
(4)方式 3:方波发生器方式。
(5)方式 4:软件触发选通方式。
(6)方式 5:硬件触发选通方式。

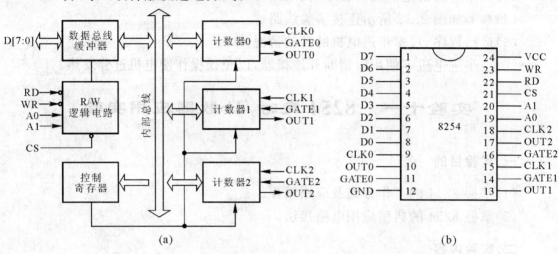

图 2.13
(a)结构框图; (b)引脚图

8254 的控制字有两个:一个用来设置计数器的工作方式,称为方式控制字;另一个用来设置读回命令,称为读回控制字。这两个控制字共用一个地址,由标识位来区分。控制字格式如表 2.5 所示。读回控制字格式如表 2.6 所示。当读回控制字的 D4 位为 0 时,由该读回控制字 D1~D2 位指定的计数器的状态寄存器内容将被锁存到状态寄存器中。状态字格式如表 2.7 所示。

表 2.5

D7	D6	D5	D4	D3	D2	D1	D0
计数器选择		读/写格式选择		工作方式选择			计数码制选择
00—计数器 0		00—锁存计数值		000—方式 0			0—二进制数
01—计数器 1		01—读/写低 8 位		001—方式 1			1—十进制数
10—计数器 2		10—读/写高 8 位		010—方式 2			
11—读出控制字标志		11—先读/写低 8 位,再读/写高 8 位		011—方式 3			
				100—方式 4			
				101—方式 5			

表 2.6

D7	D6	D5	D4	D3	D2	D1	D0
1	1	0—锁存计数值	0—锁存状态信息	计数器选择(同方式控制字)			0

表 2.7

D7	D6	D5	D4	D3	D2	D1	D0
OUT 引脚现行状态 1—高电平　0—低电平	计数初值是否装入 1—无效计数　0—有效计数	计数器方式（同方式控制字）					

四、实验说明及步骤

1. 计数应用实验

编写程序，将 8254 的计数器 0 设置为方式 3，计数值为十进制 5，用微动开关 KK1－作为 CLK0 时钟，OUT0 连接 INTR，每当 KK1－按动 5 次后产生中断请求，在屏幕上显示字符"5"。参考程序流程如图 2.14 所示。单元中 GATE0 已经连接了一个上拉电阻，所以 GATE0 不用连接。

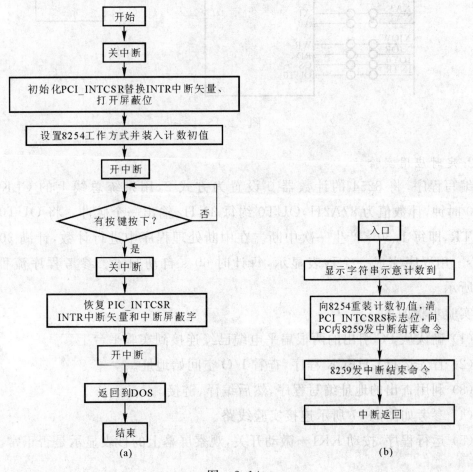

图 2.14
(a)主程序； (b)中断处理程序

实验步骤如下：

(1) 确认从 PC 引出的两根扁平电缆已经连接到实验平台上。

(2) 首先运行 CHECK 程序，查看 I/O 空间始地址。

(3) 利用查出的地址编写程序，然后编译、链接。

(4) 参考如图 2.15 所示连接实验线路。

(5) 运行程序，按动 KK1－微动开关，观察是否 5 次后屏幕显示字符"5"。

(6) 可以改变计数初值，从而实现不同要求的计数。

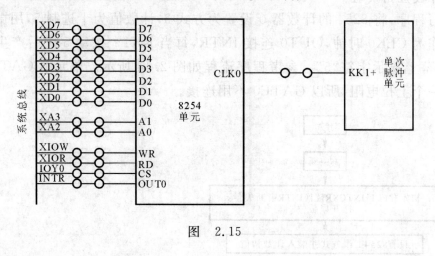

图 2.15

2. 定时应用实验

编写程序，将 8254 的计数器 0 设置为方式 2，用系统总线上的 CLK 作为 CLK0 时钟，计数值为 87A2H，OUT0 约每 30 Hz 输出一个脉冲。将 OUT0 连接到 INTR，即每 1/30 s 产生一次中断。在中断处理程序中进行计数，计满 30 次即为 1 s。用程序完成一个秒表显示，每计时 60 s 自动归零。参考程序流程如图 2.16 所示。

实验步骤如下：

(1) 确认从 PC 引出的两根扁平电缆已经连接到实验平台上。

(2) 首先运行 CHECK 程序，查看 I/O 空间始地址。

(3) 利用查出的地址编写程序，然后编译、链接。

(4) 参考如图 2.17 所示连接实验线路。

(5) 运行程序，按动 KK1－微动开关，观察屏幕上的秒表显示是否正常。

第二部分 8086(88)实验

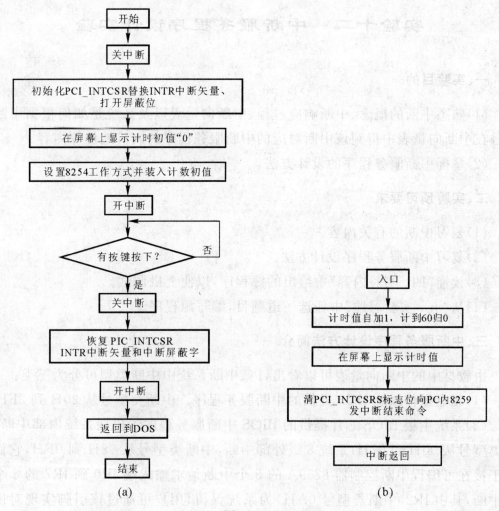

图 2.16

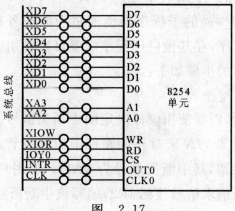

图 2.17

实验十二　中断服务程序设计实验

一、实验目的

(1) 熟悉中断的概念、中断响应过程、中断向量表以及系统是如何根据中断类型号在中断向量表中得到该中断对应的中断服务程序的入口地址等内容。

(2) 掌握中断服务程序的设计方法。

二、实验预习要求

(1) 复习中断的有关内容。

(2) 复习中断服务程序设计方法。

(3) 读懂"四、实验内容"中给出的源程序，以便上机调试。

(4) 从"五、实验习题"中任选一道题目，编写源程序。

三、中断服务程序设计方法简介

由教材中的中断向量表可以看出，PC 中断系统中中断类型可分为三类：

(1) 磁盘操作系统 DOS 提供的中断服务程序。中断类型号从 20H 到 2FH。

(2) 系统主板 BIOS 芯片提供的 BIOS 中断服务程序。包括系统内部中断，中断类型号从 00H 到 07H；系统 8 级外部中断，中断类型号从 08H 到 0FH，它们对应于接在可编程中断控制器 8259A 的 8 个中断请求输入端 IR0 到 IR7 的 8 个外部中断，其中 IR2（中断类型号 0AH）为系统保留，用户可通过该引脚实现对用户所需的外部硬件中断的管理；设备驱动程序，中断类型号从 10H 到 1FH 等。

(3) 用户定义的中断。中断类型号从 60H 到 7FH，F1H 到 FFH。用户可根据实际需要将某些通用性强的子程序功能通过中断服务程序来实现。一旦设置好了这样的中断服务程序，在其他应用程序中就可以调用这些中断服务程序。

设计中断服务程序的步骤如下：

1. 选择一个中断类型号

如果采用硬件中断，则要使用硬件决定的中断类型号。在 PC 系统中，使用了一片可编程中断控制器 8259A 来对外部硬件中断进行管理，具体内容参见教材。可以看出 IR2 为系统保留，其中断类型号为 0AH。若用户需要，可将用户所需的外部中断源发来的中断请求信号接到 IR2，编写该中断所需的中断服务程序，并将该中断服务程序的入口地址写到中断向量表 0AH×4～AH×4+3 四个单元中。这样，当接在 IR2 上的外部中断源发来中断请求信号时，系统就会根据得到的类型号(0AH)到中断向量表中找出其入口地址,并转去执行该中断服务程序。

如果采用软件中断,即利用执行 INT N 指令的方式执行中断服务程序,则可从系统预留给用户的中断类型号 60H~7FH,F1H~FFH 中选择一个。

2. 将中断服务程序的入口地址置入中断向量表的相应的四个存储单元中

确定了中断类型号,还要把中断服务程序入口地址置入中断向量表,以保证中断响应时 CPU 能自动转入与该类型号相对应的中断服务程序。下面介绍两种将中断服务程序入口地址置入中断向量表的方法。

(1)直接装入法。用传送指令直接将中断服务程序首地址置入矢量表中。设中断类型号为 60H(此类型号对应的矢量表地址为从 00180H 开始的四个连续存储单元),程序如下:

```
PUSH    DS
XOR     AX,AX
MOV     DS,AX               ;将数据段寄存器清零
MOV     AX,OFFSET INT60     ;将中断服务程序 INT60 所在段内的偏移
                             地址送 AX
MOV     DS:[0180H],AX       ;将中断服务程序偏移地址送中断向量表
                             00180H 和 00181H 单元
MOV     AX,SEG INT60        ;将中断服务程序 INT60 所在段的段地址
                             送 AX
MOV     DS:[0180H+2],AX     ;将中断服务程序所在代码段的段地址送
                             00182H 和 00183H 单元
POP     DS
```

(2)DOS 系统功能调用法。

功能号:(AH)=25H

入口参数:(AL)=中断类型号

(DS)=中断服务程序入口地址的段地址

(DX)=中断服务程序入口地址的偏移地址

下面程序段完成中断类型号为 60H 的入口地址置入。

```
PUSH    DS                  ;保护 DS
MOV     DX,OFFSET INT60     ;取服务程序偏移地址
MOV     AX,SEG INT60        ;取服务程序段地址
MOV     DS,AX
MOV     AH,25H              ;送功能号
```

```
        MOV     AL,60H              ;送中断类型号
        INT     21H                 ;DOS 功能调用
        POP     DS                  ;恢复 DS
```

3. 使中断服务程序驻留内存,以便其他应用程序调用

实现这一步骤的必要性在于:一旦中断服务程序驻留内存后,一般程序员使用这一新增的中断调用就如同调用 DOS 或 BIOS 的中断子程序一样,只要了解其入口要求和返回参数就可调用。程序驻留在内存后,它占用的存储区就不会被其他软件覆盖。使程序驻留内存,要求该程序以 .COM 形式运行。这种结构的程序要求入口定位于 100H,并且数据和代码均在同一个段内,这样,.COM 程序就被定位于低地址区。DOS 常在低地址区增加驻留程序,而 .EXE 程序被定位于高地址区。

可采用 DOS 系统功能调用的方法实现程序驻留内存。

功能号:(AH)=31H

入口参数:(DX)=驻留程序字节数

该功能使当前程序的 DX 个字节驻留内存并返回 DOS。

四、实验内容

编写一中断服务程序完成(AX)+(BX),结果放在(AX)中。要求:中断类型号取 60H;使用 DOS 系统功能调用将中断服务程序 AX_BX60 的入口地址装入中断向量表;使用 INT 60H 调用该中断服务程序并用 DEBUG 观察运行结果是否正确。

程序框架:

```
CODE    SEGMENT
            ASSUME CS:CODE
START:
```

将中断服务程序 AX_BX 60 所在段的段地址和偏移地址送 60H×4～60H×4+3 单元中,程序略,完成将中断类型号为 60H 的入口地址置入。

```
        MOV     AX,01H
        MOV     BX,02H
        INT     60H                 ;通过软中断指令调用中断服务程序实现(AX)
                                    +(BX)
        MOV     AH,4CH
```

```
        INT    21H                      ;返回DOS
;
AX_BX60    PROC    FAR        ;中断服务程序
        ADD    AX,BX
        IRET
AX_BX60    ENDP
CODE    ENDS
        END    START
```

对上述源程序汇编链接生成.EXE文件,使用 TD 观察运行结果。如图 2.18 所示,执行完 INT 60H 后,AX 寄存器的内容为 0003H,结果正确。

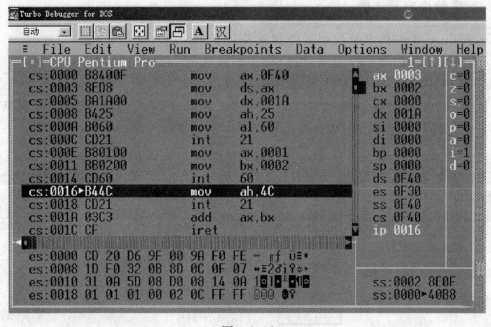

图 2.18

五、实验习题

(1)编写一中断服务程序,中断类型号取 66H,当通过软中断指令 INT 66H 调用该中断服务程序时,在屏幕上显示如下信息:

"This is a Interruption Service Program !"

(2)编写一中断服务程序,中断类型号取 76H,中断服务程序完成将 AL 和 BL 中存放的非压缩型 BCD 数相加,并将相加结果在屏幕上显示出来。

实验十三　中断控制器 8259 应用编程实验

一、实验目的

(1)掌握 8259 中断控制器的工作原理。
(2)掌握 8259 可编程中断控制器的应用编程。

二、实验设备

(1)TD-PIT+实验系统。
(2)排线、导线若干。

三、实验内容及步骤

1. 8259A 可编程中断控制器介绍及资源说明

8259A 可以管理 8 级中断,可以将中断源优先级排队,辨别中断源,提供中断矢量。级联使用时,可以构成 64 级中断系统。

8259A 的编程,就是根据需求,向 8259A 芯片中写入初始化命令字 ICW1~ICW4 以及操作命令字 OCW1~OCW3。

系统提供了两片 8259A 芯片:一片是与控制系统公用(在实验板的左下方),级联时作为主片,口地址为 20H,21H;另一片在实验板中上方,口地址为 00H,01H。

中断源用实验板中的 R-S 触发器(在实验板的右侧)产生,4 个引脚分别为 KK1+,KK1-,KK2+,KK2-。

2. 8259A 编程说明

(1)8259A 初始化编程。参考程序流程如图 2.19 所示。

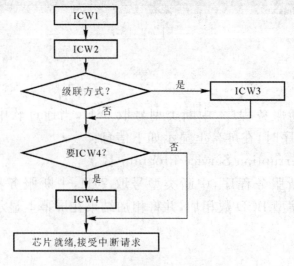

图 2.19

(2)系统的 8259A 初始化参数：
ICW1:13H ICW2:08H ICW3:不用 ICW4:0DH
即单片,要 ICW4,向量从 8 开始,缓冲方式,正常 EOI。

(3)系统的 8259A 的 0 号、4 号中断被系统使用（时钟和串口使用），编程的时候，不要用它们，也不要屏蔽它们。其他中断都可以使用。

(4)由于系统加载程序是从 0000:2000 开始，所以中断服务程序的地址偏移量要注意处理一下，偏移量加上 2000H。

3. 实验 1：单片 8259A 的中断实验
(1)实验线路图如图 2.20 所示。

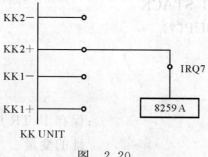

图 2.20

(2)程序流程图如图 2.21 所示。由于用的是系统的 8259A 片,系统已经初始化过了,这个程序不用再次初始化了。

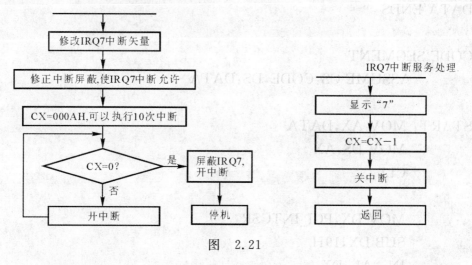

图 2.21

(3)参考程序如下：
;T8259-1.asm
;单一中断应用实验

```
;* * * * * * 根据 CHECK 配置信息修改下列符号值 * * * * * * *
INTR_IVADD    EQU    01CCH        ;INTR 对应的中断矢量地址
INTR_OCW1     EQU    0A1H         ;INTR 对应 PC 内部 8259 的 OCW1
                                   地址
INTR_OCW2     EQU    0A0H         ;INTR 对应 PC 内部 8259 的 OCW2
                                   地址
INTR_IM       EQU    0F7H         ;INTR 对应的中断屏蔽字
PCI_INTCSR    EQU    9438H        ;PCI 卡中断控制寄存器地址
;* * * * * * * * * * * * * * * * * * * * * * * * * * *
STACK1 SEGMENT STACK
       DW 256 DUP(?)
STACK1 ENDS

DATA SEGMENT
CS_BAK    DW   ?              ;保存 INTR 原中断处理程序入口段地
                               址的变量
IP_BAK    DW   ?              ;保存 INTR 原中断处理程序入口偏移
                               地址的变量
IM_BAK    DB   ?              ;保存 INTR 原中断屏蔽字的变量
DATA ENDS

CODE SEGMENT
       ASSUME CS:CODE,DS:DATA

START: MOV AX,DATA
       MOV DS,AX
       CLI

       MOV DX,PCI_INTCSR
       SUB DX,19H
       IN  AL,DX
       MOV DX,PCI_INTCSR        ;初始化 PCI 卡中断控制寄存器
       MOV AX,1F00H             ;向 PCI_INTCSR 中写入 003F1F00H
       OUT DX,AX
       ADD DX,2
```

```
            MOV AX,003FH
            OUT DX,AX

            MOV AX,0000H              ;替换 INTR 的中断矢量
            MOV ES,AX
            MOV DI,INTR_IVADD
            MOV AX,ES:[DI]
            MOV IP_BAK,AX             ;保存 INTR 原中断处理程序入口偏移
                                       地址
            MOV AX,OFFSET MYISR
            MOV ES:[DI],AX            ;设置当前中断处理程序入口偏移地址

            ADD DI,2
            MOV AX,ES:[DI]
            MOV CS_BAK,AX             ;保存 INTR 原中断处理程序入口段
                                       地址
            MOV AX,SEG MYISR
            MOV ES:[DI],AX            ;设置当前中断处理程序入口段地址

            MOV DX,INTR_OCW1          ;设置中断屏蔽寄存器,打开 INTR 的
                                       屏蔽位
            IN   AL,DX
            MOV IM_BAK,AL             ;保存 INTR 原中断屏蔽字
            AND AL,INTR_IM
            OUTDX,AL

            STI
WAIT1:      MOV AH,1                  ;判断是否有按键按下
            INT 16H
            JZ   WAIT1                ;无按键则跳回继续等待,有则退出


QUIT：      CLI
            MOV DX,PCI_INTCSR         ;恢复 PCI 卡中断控制寄存器
            MOV AX,0000H
```

```
            OUT DX,AX

            MOV AX,0000H          ;恢复INTR原中断矢量
            MOV ES,AX
            MOV DI,INTR_IVADD
            MOV AX,IP_BAK         ;恢复INTR原中断处理程序入口偏移
                                   地址
            MOV ES:[DI],AX
            ADD DI,2
            MOV AX,CS_BAK         ;恢复INTR原中断处理程序入口段
                                   地址
            MOV ES:[DI],AX

            MOV DX,INTR_OCW1      ;恢复INTR原中断屏蔽寄存器的屏
                                   蔽字
            MOV AL,IM_BAK
            OUT DX,AL
            STI

            MOV AX,4C00H          ;返回到DOS
            INT 21H

MYISR  PROC NEAR                  ;中断处理程序MYISR
            MOV AL,39H
            MOV AH,0EH
            INT 10H
            MOV AL,20H
            INT 10H

OVER: MOV DX,PCI_INTCSR
            SUB DX,19H
            IN  AL,DX
            MOV DX,PCI_INTCSR     ;清PCI卡中断控制寄存器标志位
            ADD DX,2
            MOV AX,003FH
```

```
            OUT DX,AX

            MOV DX,INTR_OCW2        ;向 PC 内部 8259 发送中断结束命令
            MOV AL,20H
            OUTDX,AL
            MOV AL,20H
            OUT 20H,AL
            IRET
MYISR ENDP


CODE ENDS
     END START
```

4. 实验2：单片8259，两个外部中断，实验中断优先级
(1)实验线路图如图 2.22 所示。

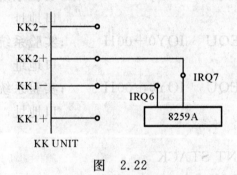

图 2.22

(2)程序思路：设置 IRQ6，IRQ7 中断服务地址，重新初始化 8259A，主程序不停地显示"MAIN"；响应中断后，中断服务程序会显示"6"和"7"。

要实现中断抢先，8259A 中不能屏蔽该中断，CPU 要响应中断（即 STI），但 CPU 响应中断后，会自动关闭中断，因此，中断服务程序中要 STI 指令开中断。

中断服务程序中可以多加几个延时段，以便更清楚地看清中断抢先。

(3)参考程序如下：
;T8259—2.asm
;扩充中断源实验
;＊＊＊＊＊＊ 根据 CHECK 配置信息修改下列符号值 ＊＊＊＊＊＊＊
INTR_IVADD   EQU   01CCH   ;INTR 对应的中断矢量地址
INTR_OCW1   EQU   0A1H   ;INTR 对应 PC 内部 8259 的 OCW1
                                  地址

INTR_OCW2	EQU	0A0H	;INTR 对应 PC 内部 8259 的 OCW2 地址
INTR_IM	EQU	0F7H	;INTR 对应的中断屏蔽字
PCI_INTCSR	EQU	9438H	;PCI 卡中断控制寄存器地址
IOY0	EQU	9C00H	;片选 IOY0 对应的端口始地址

;* *

MY8259_ICW1	EQU	IOY0+00H	;实验系统中 8259 的 ICW1 端口地址
MY8259_ICW2	EQU	IOY0+04H	;实验系统中 8259 的 ICW2 端口地址
MY8259_ICW3	EQU	IOY0+04H	;实验系统中 8259 的 ICW3 端口地址
MY8259_ICW4	EQU	IOY0+04H	;实验系统中 8259 的 ICW4 端口地址
MY8259_OCW1	EQU	IOY0+04H	;实验系统中 8259 的 OCW1 端口地址
MY8259_OCW2	EQU	IOY0+00H	;实验系统中 8259 的 OCW2 端口地址
MY8259_OCW3	EQU	IOY0+00H	;实验系统中 8259 的 OCW3 端口地址

```
STACK1 SEGMENT STACK
       DW 256 DUP(?)
STACK1 ENDS

DATA SEGMENT
CS_BAK   DW   ?      ;保存 INTR 原中断处理程序入口段地址的变量
IP_BAK   DW   ?      ;保存 INTR 原中断处理程序入口偏移地址的变量
IM_BAK   DB   ?      ;保存 INTR 原中断屏蔽字的变量
DATA ENDS

CODE SEGMENT
       ASSUME CS:CODE,DS:DATA

START：MOV AX,DATA
```

```
            MOV DS,AX
            CLI

            MOV DX,PCI_INTCSR
            SUB DX,19H
            IN  AL,DX
            MOV DX,PCI_INTCSR          ;初始化 PCI 卡中断控制寄存器
            MOV AX,1F00H               ;向 PCI_INTCSR 中写入
                                        003F1F00H
            OUT DX,AX
            ADD DX,2
            MOV AX,003FH
            OUT DX,AX

            MOV AX,0000H               ;替换 INTR 的中断矢量
            MOV ES,AX
            MOV DI,INTR_IVADD
            MOV AX,ES:[DI]
            MOV IP_BAK,AX              ;保存 INTR 原中断处理程序入口偏
                                        移地址
            MOV AX,OFFSET MYISR
            MOV ES:[DI],AX             ;设置当前中断处理程序入口偏移
                                        地址

            ADD DI,2
            MOV AX,ES:[DI]
            MOV CS_BAK,AX              ;保存 INTR 原中断处理程序入口段
                                        地址
            MOV AX,SEG MYISR
            MOV ES:[DI],AX             ;设置当前中断处理程序入口段地址
            MOV DX,INTR_OCW1           ;设置中断屏蔽寄存器,打开
                                        INTR 的屏蔽位
            IN  AL,DX
```

```
            MOV IM_BAK,AL              ;保存 INTR 原中断屏蔽字
            AND AL,INTR_IM
            OUTDX,AL

            MOV DX,MY8259_ICW1         ;初始化实验系统中 8259 的 ICW1
            MOV AL,13H                 ;边沿触发,单片 8259,需要 ICW4
            OUTDX,AL

            MOV DX,MY8259_ICW2         ;初始化实验系统中 8259 的 ICW2
            MOV AL,08H
            OUTDX,AL

            MOV DX,MY8259_ICW4         ;初始化实验系统中 8259 的 ICW4
            MOV AL,01H                 ;非自动结束 EOI
            OUTDX,AL

            MOV DX,MY8259_OCW1         ;初始化实验系统中 8259 的 OCW1
            MOV AL,0FCH                ;打开 IR0 和 IR1 的屏蔽位
            OUTDX,AL

            STI
WAIT1:      MOV AH,1                   ;判断是否有按键按下
            INT 16H
            JZ  WAIT1                  ;无按键则跳回继续等待,有则退出

  QUIT:     CLI
            MOV DX,PCI_INTCSR          ;恢复 PCI 卡中断控制寄存器
            MOV AX,0000H
            OUT DX,AX

            MOV AX,0000H               ;恢复 INTR 原中断矢量
            MOV ES,AX
            MOV DI,INTR_IVADD
            MOV AX,IP_BAK              ;恢复 INTR 原中断处理程序入口偏
```

```
            MOV ES:[DI],AX
            ADD DI,2
            MOV AX,CS_BAK          ;恢复 INTR 原中断处理程序入口段
                                    地址
            MOV ES:[DI],AX

            MOV DX,INTR_OCW1       ;恢复 INTR 原中断屏蔽寄存器的屏
                                    蔽字
            MOV AL,IM_BAK
            OUT DX,AL
            STI

            MOV AX,4C00H           ;返回到 DOS
            INT 21H

MYISR PROC NEAR                    ;中断处理程序 MYISR
QUERY: MOV DX,MY8259_OCW3          ;向 8259 的 OCW3 发送查询命令
       MOV AL,0CH
       OUT DX,AL
       IN  AL,DX                   ;读出查询字

       TEST AL,80H                 ;判断中断是否已响应
       JZ   QUERY                  ;没有响应则继续查询

       AND AL,03H
       CMP AL,00H
       JE  IR0ISR                  ;若为 IR0 请求,跳到 IR0 处理程序
       JNE IR1ISR                  ;若为 IR1 请求,跳到 IR1 处理程序
       JMP EOI

IR0ISR: MOV AL,30H                 ;IR0 处理,显示字符串 STR0
        MOV AH,0EH
        INT 10H
```

```
            MOV AL,20H
            INT 10H
            JMP EOI

IR1ISR: MOV AL,31H              ;IR1 处理,显示字符串 STR1
            MOV AH,0EH
            INT 10H
            MOV AL,20H
            INT 10H
            JMP EOI

EOI: MOV DX,MY8259_OCW2         ;向实验系统中 8259 发送中断结
                                 束命令
            MOV AL,20H
            OUT DX,AL

OVER:   MOV DX,PCI_INTCSR
            SUB DX,19H
            IN  AL,DX
            MOV DX,PCI_INTCSR   ;清 PCI 卡中断控制寄存器标志位
            ADD DX,2
            MOV AX,003FH
            OUT DX,AX

            MOV DX,INTR_OCW2    ;向 PC 内部 8259 发送中断结束命令
            MOV AL,20H
            OUT DX,AL
            MOV AL,20H
            OUT 20H,AL
            IRET
MYISR ENDP

CODE ENDS
    END START
```